NOUVEAU SYSTÈME

D'ARITHMÉTIQUE

ET DE

GÉOMÉTRIE

PAR

JOSEPH LACOMME.

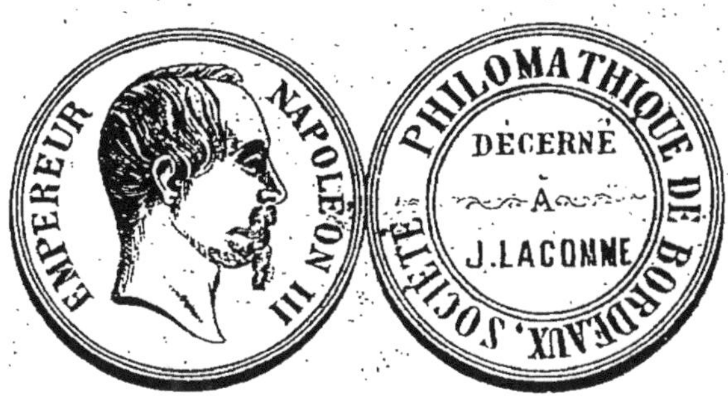

BORDEAUX.

Lithographie E. ANDRIEU Rue Duffour-Dubergier, 14

1869.

AF295936

15003

NOUVEL SYSTÈME
D'ARITHMÉTIQUE
ET DE
GÉOMÉTRIE
PAR
JOSEPH LACOMME.

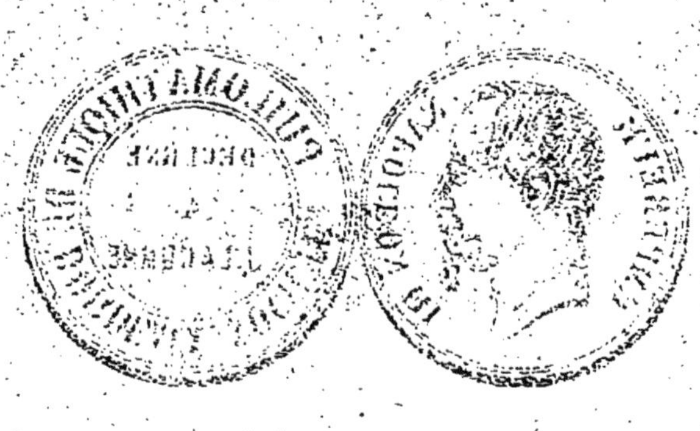

BORDEAUX

Lithographie E. Crugy, Cours d'Aquitaine, 35

1865

Lacombe

3.

Discours adressé à S. M. l'Empereur des Français, par M. Joseph Lacomme.

Sire,

Appelé au trône par les vœux des Français, vous l'occupez depuis que vous y êtes assis, avec toute la dignité et toutes les vertus d'un Grand Empereur.

Parmi toutes les qualités qui relèvent l'éclat de votre auguste personne, il en est une qui vous a toujours caractérisé ;

Cette qualité est votre amour pour les sciences et pour tous les savants.

Sans oser encore me donner ce beau titre, j'ose cependant supplier Votre Majesté, de vouloir bien m'entendre sur la démonstration du fameux problème de la quadrature du Cercle, problème que de très-habiles mathématiciens ont reconnu avoir été résolu parfaitement par moi.

Il est vrai, Sire, que je ne peux faire valoir auprès de Votre Majesté, ni une grande noblesse, ni une naissance illustre, ni un grand nom, puisque je ne suis qu'un homme du peuple ; qu'un simple tisserand.

Je voudrais être présent pour faire toutes les expériences que Notre Empereur désirerait.

4

Les plus célébres mathématicien ont démontré que le rappor de la circonférence au diamétre ne peut pas sexprimer exactement, leurs traveaux se sont arrétés sur la valeur approximative de ce nombre.

Le rapport par Archimède est $\frac{22}{7}$ celui d'Adrien Métius est de $\frac{355}{113}$ circonférence diamétre;

Enfin, des procédés géométriques ont permis de développer ce raport en une fraction décimale composée de 154 chiffres, bien supérieur aux besoins les plus étendus ; ce rapport est 3,14159,265358....

en réduisant ces divers rapports en décimales, on obtient

$\frac{22}{7}$ = 3,14285 ; $\frac{355}{113}$ circonférence diamétre 3,1415929 ; d'ailleurs le quotient

= 3,14159265358..... par ou l'on voit que le rapport d'Adrien Métius est plus éxact que celui d'Archimède et que l'erreur de ces deux rapports, qui est en plus est pour celui d'Adrien Métius, de moins de 1 millioniéme

et pour celui d'Archimède de moins de 1 milliéme.

2.

1. 2. 3. 4. 5. 6. 7. 8. 9. 10. 11. 12. 13. 14. 15. 16.

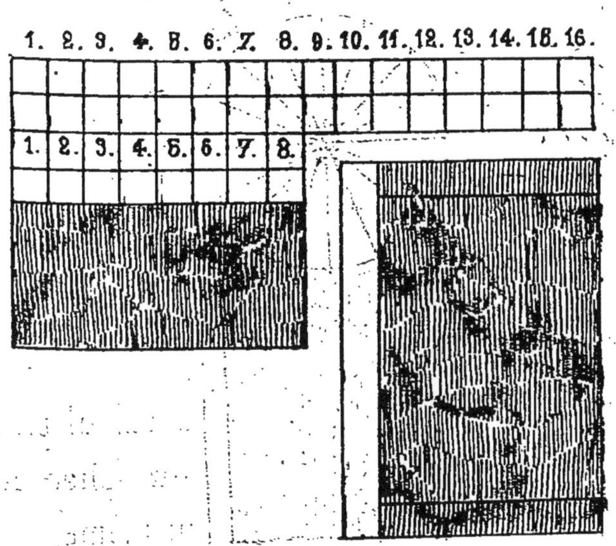

La démonstration de M. Joseph Lacomme prouve que tous les rapports donnés par les anciens n'ont pas l'exatitude qu'ils doivent avoir. voyons le rapport du diamétre à la circonférence d'Adrien Métius $\frac{355 \text{ circonférence}}{113 \text{ diamètre}}$ et d'aprés Archimede le rapport est de $\frac{355 \text{ circonference}}{113 \text{ diamètre}}$ plus $\frac{1}{7}$ dont on se sert Journellement, et d'apres Lacomme le rapport n'est que $\frac{355 \text{ circonf}^{ce}}{113 \text{ diamètre}}$ et 125 milliémes,

Si on fait faire une cuve de 113 de diamétre et 1 mètre 50 centimétres de hauteur, on verra qu'il y a une erreur de 8400 milliémes, en supposant que le cylindre de 113 de diamétre et qui aurait 20 mêtres de profondeur il faudrait multiplier 2000 par 56 qui est la diférence des anciens auteurs sur la surface de 113 de diamètre ce qui donnerait une erreur de 112 decimétres cubes.

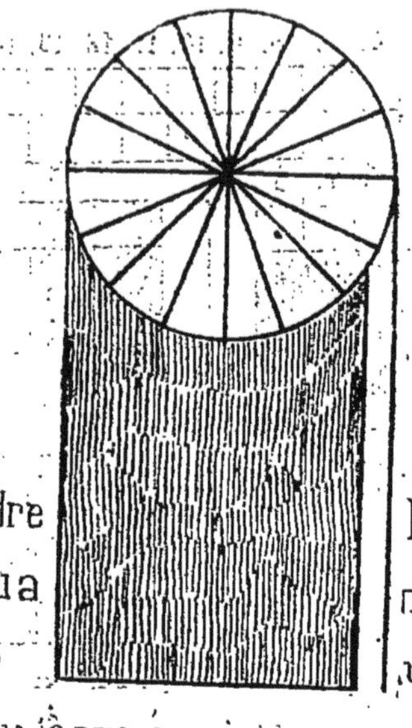

Pour rendre le calcul plus facile il y a qu'a multiplier le diamétre par lui même, on à la surface du carré circonscrit au cercle et en multipliant la surface par la hauteur on à le produit du cube proposé il en est de même de tous les cylindres il n'ont qu'à diviser le produit soit de la surface ou du cube.

Diviser par 64 multiplier le quotient par 50 on à le cube de tous les cylindres, en suposant que le diamétre multiplier par lui même.

En suposant que le diamétre serait 144, le produit de la surface du carré circonscrit au cercle, le total serait de 20,736, et diviser ce produit par 64 qui est 324, multiplier par 50 la surface du cylindre serait de 16,200, parsceque le carré vaut 64 et le cylindre ne vaut que 50.

RÉGLES NOUVELLES

DE

J.ⁿ LACOMME

Multiplication par 2 chiffr.ᵉˢ	Multiplication par 3 chiffres.
232 24 ———— 5568	3424 243 ———— 832032
Preuve par 9 6 | 7 ——+—— 6 | 6	Preuve 0 | 4 ——+—— 0 | 0

| Si tout était des forts chiffres cela deviendrait enuyeux ou nuisible Voici une autre nouvelle méthode comme on peut voir ci apprés. | Preuve par 9
0 \| 0
——+——
0 \| 8 |

Preuve par 9 :

```
            9 9 9
              9 8
          7   7 2
        7 8 1
      8 8 1 1
      1
    ——————————
    9 7 9 0 2
```

Multiplication par 4 Chiffres	Trouvez par tout des 4
1234 1234 ———— 1522756	1234 5679 36 ———— 4444444444 ceci est régle et preuve.
Preuve 1 | 1 ——+—— 1 | 1	

Avec cette méthode on peut chanter en multipliant parceque l'on a pas besoins de s'occuper des retenues.

```
      7 0
      3       diamètre supérieure
    ————
    210
      3       diamètre en fond ou bonde
    ————
    630
     26 ½     milième de 210
    ————
    656       total
    32 30     le double du 8éme
   ————
   388 00
   1312
   8280
  ————
  944000
    30       de la bonde de milième à la surface
  ————————
  172220000  surface
```

11

Un foudre une cônes tronqués on d'additionner le petit comme on l'a fait barrique forme 2 ne peut pas se servir diamètre avec le grand jusqu'à ce jour, par ce que toutes les compensations sont fausses, j'ai prouvé aux Académies de Paris que 13 et 11 ne font pas 24;

M^r le Président de l'Académie universelle a répondu: Si Lacomme nous prouve que 13 et 11 ne font pas 24, il nous fera marcher à tous les jambes en l'air. —

Lacomme a répondu 13 et 11 font 24 par addition et 13 et 11 ne font pas 24 en compensation terme mathématiquement parlant.

Un Entrepreneur avait fait un pont; il avait mis 13 Décimètres de tombant ou 11 d'épaisseur, alors Lacomme prit un livre et il fit la comparaison séance tenante. Il dit:

Messieurs; Voici les pièces de l'Entrepreneur qui ont 13 décimètres ou 13 centimètres de tombant et 11 d'épaisseur, si j'enlève une planche d'un décimètre ou 1 centimètre, de 13 j'en ôte 1, il en reste 12. Cette planche n'aura que 11 de large, je la plaque contre la pièce où il n'est resté que 12; la planche ne la rendra pas cube. D'ailleurs, Messieurs, multipliez 11 par 13 cela vous donnera 143 et 12 par 12 vous donnera 144. Alors Lacomme a répliqué: marchez donc tous les jambes en l'air comme le Président avait convenu. Donc par conséquent pour cuber un cône tronqué il n'y a qu'à multiplier le grand diamètre par lui-même, multiplier la base par la hauteur et multiplier le petit diamètre comme a été multiplié le grand; on a deux fois le volume du cône tronqué et en additionnant ces deux nombres on a deux fois le cube de la pièce proposé, et en prenant la moitié de ce produit on a le cube du tronc du Cône.

TABLE
des Racines, des Circonférences et des Surfaces.

Cette table a pour but de calculer les circonférences des cercles et les surfaces des bases cylindriques, est disposée de la manière suivante:

1º La première et la deuxième colonnes représentent la longueur des côtés des carrés circonscrits aux cercles, dont les diamètres sont de 1, 2, 3, 4, etc. centimètres jusqu'à 200.

2º La troisième colonne contient les produits de ces mêmes nombres multipliés par eux mêmes.

3º La quatrième colonne ne figure que pour vérifier la simplicité et exactitude des opérations, et permettre de continuer la table autant que l'on voudra. En additionnant le nombre inférieur avec le nombre supérieur de la surface du carré, on a toujours un de plus de racine.

4º La cinquième colonne contient les unités

des nombres exprimant la longueur des circonférences, dont les diamètres sont 1, 2, 3, 4, etc, centimètres
jusqu'à 203, et la sixième colonne la partie décimale
de ces mêmes circonférences.

5° La septième colonne représente la partie entière
des surfaces de ces mêmes cylindres, et la huitième colonne la partie décimale de ces mêmes surfaces.

Pour trouver les circonférences des cercles, il faut
multiplier le diamètre par 3 et y ajouter la huitième partie
de ce même diamètre; en additionnant ce huitième avec
le produit de la multiplication faite par 3, on a la circonférence parfaite.

Exemple :

Soit un diamètre de 2,048. On multiplie ce nombre par 3, et l'on obtient 6,144; on prend ensuite le huitième du diamètre connu, soit 256 : ces deux nombres
étant additionnés donnent 6,400, représentant la
circonférence parfaite.

De même, lorsqu'on connaît la circonférence,
sans pouvoir prendre le diamètre, on multiplie
cette circonférence par 4; retranchant ensuite les
deux derniers chiffres à droite, l'on soustrait le nombre restant de celui qui représente la circonférence.
La soustraction étant faite, l'on prend le tiers du
produit de cette soustraction, et l'on obtient le diamètre parfait.

(voir l'Exemple, pag. suivante.)

11

Exemple :

Soit une circonférence de 6,400. On multiplie
ce nombre par 4, et l'on obtient 25,600 ; on retran-
che ensuite les deux derniers chiffres de ce nombre, représentant alors 256. On soustrait ces 256
du 6,400, représentant la circonférence connue
et l'on a pour reste 6,144. En prenant le tiers
de ce nombre, il reste 2,048 donnant le diamètre
parfait.

Pour obtenir la surface de la base d'un cylindre, ou, en d'autres termes, l'aire d'un cylindre,
il faut multiplier le quart du diamètre par la
circonférence.

Exemple :

Soit 40 de diamètre, ayant 125 de circonférence ; le quart de ce diamètre, 10, étant multiplié par la circonférence, 125, on obtient 1250,
nombre qui représente la surface de la base, ou
l'aire du cylindre.

On trouve le cube d'un objet en multipliant
sa hauteur par la surface de la base ou aire
du cylindre.

Racines Carrées.		Surfaces des Carrés	Complément au Carré.	Circonférences des Cercles.		Surface de la base des Cylindres.	
				unités	millièmes	unités	cent-mill
1	1	1		3	125	0	78125
2	2	4	3	6	250	6	12500
3	3	9		9	375	7	03125
4	4	16		12	500	12	50000
5	5	25		15	625	19	53125
6	6	36		18	750	28	12500
7	7	49		21	875	38	28125
8	8	64		25	"	50	"
9	9	81		28	125	63	28125
10	10	100		31	250	78	12500
11	11	121		34	375	94	53125
12	12	144		37	500	112	50000
13	13	169		40	625	132	03125
14	14	196		43	750	153	12500
15	15	225		46	875	175	78125
16	16	256		50	"	200	"
17	17	289		53	125	225	78125
18	18	324		56	250	253	12500
19	19	361		59	375	282	03125
20	20	400		62	500	312	50000
21	21	441		65	625	344	53125
22	22	484		68	750	378	12500
23	23	529		71	875	413	28125
24	24	576		75	"	450	"
25	25	625		78	125	488	28125
26	26	676		81	250	528	12500
27	27	729		84	375	569	53125
28	28	784		87	500	612	50000
29	29	841		90	625	657	03125
30	30	900		95	750	703	12500
31	31	961		96	875	750	78125
32	32	1024		100	"	800	"
33	33	1089		103	125	850	78125
34	34	1156		106	250	903	12500
35	35	1225		109	375	957	03125
36	36	1296		112	500	1012	50000

RACINES Carrées		Surface des Carrés.	Complément du carré	Circonférences des Cercles		Surface de la base des cylindres	
				unités	milièmes	unités	cent. mill.
37	37	1369		115	625	10 69	53 125
38	38	1444		118	125	11 28	12 500
39	39	1521		121	875	11 88	28 125
40	40	1600		125		12 50	"
41	41	1681		128	125	13 13	28 125
42	42	1764		131	250	13 78	12 500
43	43	1849		134	375	14 44	53 125
44	44	1936		137	500	15 12	50 000
45	45	2025		140	625	15 82	03 125
46	46	2116	91	143	750	16 53	12 500
47	47	2209		146	875	17 25	78 125
48	48	2304		150	"	18 00	"
49	49	2401		153	125	18 75	78 125
50	50	2500		156	250	19 53	12 500
51	51	2601		159	375	20 32	03 125
52	52	2704		162	500	21 12	50 000
53	53	2809		165	625	21 94	53 125
54	54	2916		168	750	22 78	12 500
55	55	3025		171	875	23 63	28 125
56	56	3136		175	"	24 50	"
57	57	3249		178	125	25 38	28 125
58	58	3364		181	250	26 28	12 500
59	59	3481		184	375	27 19	53 125
60	60	3600		187	500	28 12	50 000
61	61	3721		190	625	29 07	03 125
62	62	3844		193	750	30 03	12 500
63	63	3969		196	875	31 00	78 125
64	64	4096		200	"	32 00	"
65	65	4225		203	125	33 00	78 125
66	66	4356		206	250	34 03	12 500
67	67	4489		209	375	35 07	03 125
68	68	4624		212	500	36 12	50 000
69	69	4761	137	215	625	37 19	53 125
70	70	4900		218	750	38 18	12 500
71	71	5041		221	875	39 38	28 125
72	72	5184		225		40 50	

RACINES Carrées.		Surface des Carrès.	Complément du Carré	Circonférences des Cercles		Surface de la base des Cylindres.	
				unités.	millièmes	unités.	cent-mill:
73	73	5329		228	125	4163	28125
74	74	5476		231	250	4278	12500
75	75	5625		234	375	4394	53125
76	76	5776		237	500	4512	50000
77	77	5929		240	625	4632	03125
78	78	6084		243	750	4753	12500
79	79	6241		246	875	4875	78125
80	80	6400		250	»	5000	»
81	81	6561		253	125	5125	78125
82	82	6724		256	250	5253	12500
83	83	6889		259	375	5382	03125
84	84	7056		262	500	5512	50000
85	85	7225		265	625	5644	53125
86	86	7396		268	750	5778	12500
87	87	7569		271	875	5913	28125
88	88	7744		275	»	6050	»
89	89	7921		278	125	6188	28125
90	90	8100		281	250	6328	12500
91	91	8281		284	375	6469	53125
92	92	8464	183	287	500	6612	50000
93	93	8649		290	625	6757	03125
94	94	8836	187	293	750	6903	12500
95	95	9025		296	875	7050	78125
96	96	9216		300	»	7200	»
97	97	9409		303	125	7350	78125
98	98	9604		306	250	7503	12500
99	99	9801		309	375	7657	03125
100	100	10000		312	500	7812	50000
101	101	10201		315	625	7969	53125
102	102	10404		318	750	8128	12500
103	103	10609		321	875	8288	28125
104	104	10816		325	»	8450	»
105	105	11025		328	125	8613	28125
106	106	11236		331	250	8778	12500
107	107	11449		334	375	8944	53125
108	108	11664		337	500	9112	50000

RACINES Carrées		SURFACE des Carrés	Complément du Carré	Circonférences des Cercles		Surface de la base des Cylindres	
				unités	millièmes	unités	cent. mill.
109	109	11881		340	625	9282	03125
110	110	12100		343	750	5433	12500
111	111	12321		346	875	9625	78125
112	112	12544		350	»	9800	»
113	113	12769		353	125	9975	78125
114	114	12996		356	250	10153	12500
115	115	13225	229	359	375	10332	03125
116	116	13456		362	500	10512	50000
117	117	13689	233	365	625	10694	53125
118	118	13924		368	750	10878	12500
119	119	14161		371	875	11063	28125
120	120	14400		375	»	11250	»
121	121	14641		378	125	11438	28125
122	122	14884		381	250	11628	12500
123	123	15129		384	375	11819	53125
124	124	15376		387	500	12012	50000
125	125	15625		390	625	12207	03125
126	126	15876		393	750	12403	12500
127	127	16129		396	875	12600	78125
128	128	16384		400	»	12800	»
129	129	16641		403	125	13000	78125
130	130	16900		406	250	13203	12500
131	131	17161		409	375	13407	03125
132	132	17424		412	500	13612	50000
133	133	17689		415	625	13819	53125
134	134	17956		418	750	14028	12500
135	135	18225		421	875	14238	28125
136	136	18496		425	»	14450	»
137	137	18769		428	125	14663	28125
138	138	19044	275	431	250	14878	12500
139	139	19321		434	375	15094	53125
140	140	19600		437	500	15312	50000
141	141	19881		440	625	15532	03125
142	142	20164		443	750	15753	12500
143	143	20449		446	875	15975	78125
144	144	20736		450	»	16200	»

Racines Carrées		Surfaces des Carrés	Complément du Carré	Circonférences des Cercles		Surface de la base des Cylindres	
				unités	millièmes	unités	cent. mill.
145	145	21025		453	125	16425	78125
146	146	21316		456	250	16653	12500
147	147	21609		459	375	16882	03125
148	148	21904		462	500	17112	50000
149	149	22201		465	625	17344	53125
150	150	22500		468	750	17578	12500
151	151	22801		471	875	17813	28125
152	152	23104		475	"	18050	"
153	153	23409		478	125	18288	28125
154	154	23716		481	250	18528	12500
155	155	24025		484	375	18769	53125
156	156	24336		487	500	19012	50000
157	157	24649		490	625	19257	03125
158	158	24964		493	750	19503	12500
159	159	25281		496	875	19750	78125
160	160	25600		500	"	20000	"
161	161	25921	321	503	125	20250	78125
162	162	26244		506	250	20503	12500
163	163	26569		509	375	20757	03125
164	164	26896		512	500	21012	50000
165	165	27225		515	625	21269	53125
166	166	27556		518	750	21528	12500
167	167	27889		521	875	21788	28125
168	168	28224		525	"	22050	"
169	169	28561		528	125	22313	28125
170	170	28900		531	250	22578	12500
171	171	29241		534	375	22844	53125
172	172	29584		537	500	23112	50000
173	173	29929		540	625	23382	03125
174	174	30276		543	750	23653	12500
175	175	30625		546	875	23925	78125
176	176	30976		550	"	24200	"
177	177	31329		553	125	24475	78125
178	178	31684		556	250	24753	12500
179	179	32041		559	375	25032	03125
180	180	32400		562	500	25312	50000

RACINES Carrées.	SURFACES DES Carrés.	Complément du Carré	Circonference des Cercles		Surface de la base des Cylindres	
			unités	milliemes	unites	cent mil.
181	181	32761		565	625	25594	53125
182	182	33124		568	750	25878	12500
183	183	33489		571	875	26163	28125
184	184	33856	36	575	"	26450	"
185	185	34225		578	125	26738	28125
186	186	34596		581	250	27028	12500
187	187	34969		584	375	27319	53125
188	188	35344		587	500	27612	50000
189	189	35721		590	625	27907	03125
190	190	36100		593	750	28203	12500
191	191	36481		596	875	28500	78125
192	192	36864		600	"	28800	"
193	193	47249		603	125	29100	78125
194	194	37636		606	250	29403	2500
195	195	38025		609	375	29707	03125
196	196	38416		612	500	30012	50000
197	197	38809		615	625	30319	53125
198	198	39204		618	750	30628	12500
199	199	39601		621	875	30938	28125
200	200	40000	399	625	"	31250	"

Le premier Président délégué des Sauveteurs
de Saône-et-Loire, à M. Lacomme, Membre
honoraire, à Leoparre, Médoc (Gironde).

« Paris, le 20 Juillet 1867

« Mon cher collègue,
« Les ennuis d'un déménagement laborieux et
» pénible m'ont empêché de répondre plus tôt à votre
» lettre du 14 courant.
» La conduite de M. Rivet, Vérificateur des
» poids et mesures, envers vous, est très répréhen-
» sible, si j'osais je dirais même de mauvaise foi,
» car nul n'a le droit de garder par devers soi un
» titre qui ne lui appartient pas. En retirant vos
» pièces, il s'expose à ce que M^r le Juge de paix
» lui fasse une grave réprimande et l'oblige à vous les
» rendre, séance tenante.
» Certes M. Rivet n'a pas fait preuve de capacité,
» et sa conduite prouve que, ne possédant pas les con-
» naissances nécessaires pour vous juger, il n'a cru mieux
» faire que de garder votre ouvrage, lequel a été jugé
» par M. Ferdinand de Lacombe, Officier de l'Uni-
» versité impériale de France, de l'Instruction publi-
» que, et M. M. Victor Dalmont, Chef de Bureau au
» Ministère de la guerre, Louis Lecouturier, J. Rambusson,
» professeurs de mathématiques au collège de St Joseph
» à Mont-Rouge, et ancien directeur de l'Institut royal
» des sourds-et-muets de Cherbourg, lesquels ont recon-
» nu et approuvé votre méthode dans les rapports qu'ils

19

» ont lu à la Société des Arts, à la Société des Sciences
» industrielles, à l'Académie des Arts et Métiers, à
» l'Académie des Arts et Manufactures, etc., etc.

    » Citez donc hardiment M. Rivet devant M. le Juge
» de paix, non pour prouver à M. Rivet qu'il a tort,
» mais pour le contraindre à vous rendre ce qu'il vous
» a gardé. La justice ne s'occupe pas de juger les travaux
» scientifiques, mais si ceux de questions de droit. Pour
» vos travaux scientifiques les corps savants les ont
» jugés.

    » Quant au gain de votre cause, le succès en est
» certain. Ne vous tourmentez donc pas à ce sujet, et
» si quelqu'un vous tourmentait, répondez avec les
» rapports à la main de MM. de Lacombe, Lecouturier,
» rédacteur en Chef de la Science pour tous et du
» Musée des sciences ; ces messieurs mettront leur plu-
» me à votre disposition, et vos antagonistes se tairont
» devant leurs arguments.

    » En attendant croyez, cher collègue, que nous som-
» mes tout à votre disposition, et veuillez agréer l'assurance
» de mes dévouements à votre personne et à votre cause.

        » Le premier Président délégué, ex-Ingénieur en Chef, Ingénieur
        » Civil, etc.   A. Leroi, Ingénieur Civil,

        » Ancien président général de Cinq Académies,
    » membre de l'Académie royale des sciences de Palerme,
    » et de trente-cinq corps savants,

            » 38, Rue Déat, Belleville, Paris »

____

(1)

Rapport fait à la Société des Arts, Sciences et Belles-Lettres de Paris au nom du Comité des Sciences, par M. Dalmont, Architecte.

Messieurs,

M. Tournet a soumis à l'examen de la Société une brochure explicative d'un nouveau Rapport de la circonférence au diamètre, proposé par M. Joseph Lacomme, Mathématicien naturel, comme il s'intitule, en nous priant de vouloir bien donner notre avis sur la proposition avancée par ce Mathématicien.

Jusqu'à présent, tous les Mathématiciens, avec Descartes, ont dit : « La ligne circulaire et la ligne droite étant de nature différente, il ne peut y avoir nulle proportion entr'elles. »

Était-ce une raison pour ne pas tourner la difficulté et chercher un calcul qui pût arriver à donner la mesure exacte de la ligne courbe ?

Nous devons, certes, une grande reconnaissance aux savants, nos devanciers, qui nous ont mis à même de pouvoir, approximativement, arriver à mesurer l'air ou la contenance d'une surface renfermée dans un cercle quelconque ; mais comme eux-mêmes nous ont déclaré que la Méthode qu'ils nous proposaient n'était qu'approximative, ne nous ont-ils pas, par ce seul fait, engagés à faire d'autres recherches et d'autres tentatives ?

Archimède, ce grand mathématicien des temps

anciens, a cherché à trouver cette mesure par la méthode des polygones réguliers circonscrits et inscrits
dans le cercle; cette méthode devait-elle être la seule
qu'on dût employer ? M. Lacomme ne l'a pas
pensé.

Sans connaissance aucune des mathématiques,
obligé, dans un village qu'il habitait, de carreler
un puits qu'il avait fait construire, il s'adressa au
seul mathématicien qu'il connaissait, pour obtenir de lui le nombre de carreaux nécessaires pour
confectionner ce carrelage. Ce mathématicien lui
répondit : « Que la science des mathématiques
était insuffisante aujourd'hui pour résoudre ce
problème exactement ».

M. Lacomme, frappé de cette idée, voulut,
comme tant d'autres, résoudre ce problème; mais
soit qu'il eût plus de temps à y consacrer, soit que
l'inspiration fût forte chez lui, il a semblé et nous
pensons qu'il est parvenu à résoudre la question.
Comme Archimède, sans toutefois établir aucune
relation entre ce savant et M. Lacomme, mais
seulement par analogie de recherches, M. Lacomme
a voulu rechercher par les liquides si le problème
ne pouvait pas être résolu... Il a fait construire
une boîte ayant la même hauteur que ses côtés,
soit 0, 08 c., ce qui lui a procuré un cube. —
En cela, il a imité la méthode dont on fait usage
pour désigner la capacité qui donne la mesure

exacte du litre. Il a divisé ensuite ce cube en quatre parties égales sur toutes les faces, excepté la hauteur; il a ajouté ces seize carrés et la même hauteur que le cube primitif.

Il a fait ensuite un cylindre ayant pour diamètre l'un des côtés du carré et la même hauteur que lui; 0,08 c.; il a rempli d'eau le carré primitif, puis il a versé, dans le cylindre, toute la quantité d'eau du carré qu'il pourrait contenir; enfin, il a versé cette quantité d'eau contenue dans le cylindre, dans la partie allongée, représentant les seize carrés, et qui avait été graduée à l'avance, afin de recevoir l'eau et marquer là où elle s'arrêtait. Cette partie allongée portait, en outre, une plaque mobile à coulisse pour refouler l'eau et l'amener au même niveau et à la surface de la partie allongée.

Ayant ensuite versé l'eau du cylindre dans la partie allongée, et l'ayant ensuite refoulée jusqu'à ce qu'elle vint au haut de la boîte, il remarqua que 12 parties ½ de la boîte étaient remplies par cette eau; ayant versé le surplus de l'eau contenue dans le cube dans la même boîte, il remarqua, en opérant de même que la 1ère fois, que cette partie d'eau versée ne remplissait que 3 parties ½; donc, 12 parties ½ et 3 parties ½ font bien les 16 parties du cube primitif.

Il a donc, suivant que la méthode qu'Archimède lui avait tracé établi la proportion suivante: au lieu de 7:22, il a mis 4:12 ½ ou 8:25.

Cette méthode est vraie ; car par l'eau il a obtenu une décomposition d'une ligne courbe, qui s'est allongée et a pu être mesurée, et tellement mesurée qu'en opérant par la proposition que propose M. Lacomme, on trouve la mesure exacte du litre que ne donne pas la proportion d'Archimède dont on fait usage aujourd'hui, ou d'autres qui sont les plus raprochées, il a donné, de plus, une mesure exacte pour composer un litre.

Cette mesure aujourd'hui est composée d'un cylindre ayant 0,086 ᵐ de diamètre sur 0,172 ᵐ de hauteur ; M. Lacomme lui donne 0,08 de diamètre sur 0,20 de hauteur.

Nous pensons donc, Messieurs, que M. Lacomme a donné, par sa méthode, les moyens de mesurer exactement la surface contenue dans un cylindre, et par conséquent son cube.

Nous vous proposons donc, d'accorder à M. Lacomme, en signe d'approbation, la médaille de mérite de 1ʳᵉ Classe de notre Société.

Le Rapporteur de la Commission, Signé : Dalmont Architecte. Les Membres de la Commission, Signé : A. P. C. Leroi, J. Rambusson. — Le Président général, P. Leroi, Ingénieur-civil. Pour copie conforme : Le Directeur Général, Dalmont, Architecte.

Arrêté :

La Société, dans sa séance du 17 Mars 1856, après avoir entendu la lecture du rapport de M. Dalmont, architecte, fait à la Classe des Sciences industrielles sur le travail de l'auteur a accordé à M. Lacomme (Joseph), né le 3 Mars 1792, à Castres (Gers), demeurant à Paris, une Médaille de mérite (Argent) de première classe, pour son appareil destiné à mesurer exactement la surface d'un Cylindre, et par conséquent un Cube cylindrique.

Ainsi délibéré en séance, à Paris, le 17 Mars 1856.

Le Président d'honneur, Duc Victor de Bellune. Le Président général, A. P. C. Leroi, Ingénieur-civil. Pour copie conforme : Le Directeur général, Dalmont, Architecte.

www.ingramcontent.com/pod-product-compliance
Ingram Content Group UK Ltd.
Pitfield, Milton Keynes, MK11 3LW, UK
UKHW022245070726
13613UKWH00005B/2125